U0242880

图书在版编目（CIP）数据

咚咚咚，敲响编程的门. 7, 你只想玩游戏吗？ /(韩) 崔良先著 ; (韩) 金素姬绘 ; 程金萍译. — 青岛 : 青岛出版社, 2020.7

ISBN 978-7-5552-9284-5

Ⅰ. ①咚… Ⅱ. ①崔… ②金… ③程… Ⅲ. ①程序设计 – 儿童读物 Ⅳ. ①TP311.1-49

中国版本图书馆CIP数据核字(2020)第116738号

Am I Addicted to Computer Games?
Text © Choi Yang-sun (崔良先)
Illustration © Kim So-hee (金素姬)
Copyrights © Woongjin Thinkbig, 2020
All rights reserved.
This Simplified Chinese Edition was published by Qingdao Publishing House Co.Ltd. in 2020, by arrangement with Woongjin Think Big Co., Ltd. through Rightol Media Limited.
(本书中文简体版权经由锐拓传媒旗下小锐取得Email:copyright@rightol.com)

山东省版权局著作权合同登记号 　图字：15-2020-200

书　　　名	咚咚咚，敲响编程的门⑦：你只想玩游戏吗？
著　　　者	[韩] 崔良先
绘　　　者	[韩] 金素姬
译　　　者	程金萍
出版发行	青岛出版社
社　　　址	青岛市海尔路182号（266061）
本社网址	http://www.qdpub.com
邮购电话	0532-68068091
责任编辑	王建红
美术编辑	于　洁　李兰香
版权编辑	张佳琳
印　　　刷	青岛乐喜力科技发展有限公司
出版日期	2020年7月第1版　2020年7月第1次印刷
开　　　本	16开（889mm×1194mm）
印　　　张	17.5
字　　　数	210千
书　　　号	ISBN 978-7-5552-9284-5
定　　　价	182.00元（全7册）

编校印装质量、盗版监督服务电话　4006532017　0532-68068638
建议陈列类别：少儿科普

哟哟哟，敲响编程的门

你只想玩游戏吗？

[韩] 崔良先 / 著

[韩] 金素姬 / 绘

程金萍 / 译

青岛出版社

QINGDAO PUBLISHING HOUSE

太阳和月亮是玛鲁从小玩到大的好朋友，他们三个常常到森林公园的游乐场里玩耍。

玛鲁很喜欢用树叶和果实做一些手工。

有一天，玛鲁做了三个松球玩偶，她说道："太阳，给你一个红色的。月亮，给你一个黄色的。这个蓝色的是我的。松球玩偶可不能弄丢哦！我们要永远在一起！"

其实，太阳和月亮都有特异功能，不过这是一个秘密，连他们最亲近的朋友玛鲁都不知道。

八岁生日那天，玛鲁收到了一个智能手机作为礼物。

从此以后，一切⭐都变得不一样了。

因为，从那天起，玛鲁便开始用智能手机玩游戏了。

开始！

玛鲁，你干什么呢？

玩游戏呢！真是太好玩了！

唉，我好想玩游戏！

哈哈……

吃饭的时候，玛鲁在玩游戏。

甚至到了深夜，
她还在玩游戏。

在洗手间里，
玛鲁也在玩游戏。

即使在游乐场里，玛鲁也是坐在滑梯下面，眼睛一直盯着智能手机。

其他小朋友大声喊着让她从滑梯上闪开，但玛鲁完全听不到他们的话。

太阳在远处看着这一幕，说道："她这样会受伤的！"

太阳和月亮看着玛鲁，眼神里充满了担忧。

即便在回家的路上，玛鲁也是手机不离手。交通信号灯已经变成了红灯，她却完全视而不见！

第二天，太阳和月亮去玛鲁家找她玩，但她还是只沉迷于游戏。

"玛鲁，和我们玩一会儿吧。你这样从早到晚、不分昼夜地一直玩游戏，压根就不知道时间是怎么度过的。"太阳说道。

"讨厌！我就要玩游戏！你们赶紧从这里离开吧！"玛鲁大声喊道，她的声音很大，吓了太阳和月亮一跳。

时间啊，

停止吧！

"太阳，玛鲁再这样下去可不行啊，我们得把她的手机藏起来。"月亮提议道。

太阳和月亮将力量凝聚在眉宇之间，默念咒语："喳嘎喳嘎！哒咔哒咔！时间啊，停止吧！"

原来太阳和月亮是时间魔法师，他们可以让时间流动，也可以让时间停止。

就在时间停止的瞬间，月亮拿走了玛鲁手里握着的手机。接着，他们又默念起让时间流动的咒语。

"哦？原来这是个新游戏啊！"玛鲁说完，赶快按下启动键，又开始玩游戏了。

时间过得飞快。虽然玛鲁肚子很饿，但她还是停不下来。

玛鲁觉得越来越奇怪，她的头有些晕，眼睛也开始疼了。

到后来，她的身体甚至完全动不了了。

就在这时，只听唰的一声，一只黑色的大手从手机里面伸了出来。这只黑手猛地一把抓住玛鲁的胳膊，把她拉进了游戏里面。

月亮看着松球玩偶，伤心地说道："太阳，你还记得吗？玛鲁给咱们做了松球玩偶，还说我们要永远在一起。"

"嗯，我当然记得。月亮，我觉得不能再这样下去了，否则，玛鲁就无法从游戏里走出来了。我们去找她，告诉她其实还有很多事情比游戏更有意思。"太阳提议道。

太阳和月亮来到玛鲁家，他们被眼前的场景吓了一大跳。原来，玛鲁并不在自己的房间里，地上只有一个孤零零的智能手机。

太阳赶紧过去看了看手机，说道："玛鲁应该是被困在手机游戏里了，我能感觉到手机里的邪气。"

"太阳，不能再犹豫了！我们去救玛鲁吧！把她做的松球玩偶也带上，说不定会有帮助。"月亮提议道。

"喳嘎喳嘎！哒咔哒咔！时间啊，停止吧！"太阳和月亮默念咒语。

突然，时间猛地停止了，在风中摇曳的树叶也不动了，所有的一切都静止了。

太阳和月亮又默念了进入手机的咒语，接着，他们一下被吸入到了手机游戏里。

游戏里的世界阴森森的，很多孩子围坐在一个庞大的机器周围。

玛鲁，我们来了！

你们能听到我们的声音吗？

太阳和月亮大声呼喊，但玛鲁和其他孩子只是盯着手机，一副被冻僵了的模样。

这时，一个游戏恶魔突然跳出来，挡住了他们的去路。游戏恶魔大声喊道："你们是谁？"

"我们是时间魔法师！我们来这里救这些孩子！"太阳回答道。

"时间魔法师？哈哈哈！你们再怎么默念咒语都没有用，因为我已经把这些孩子的时间都抢来了！现在，你们的时间魔法根本行不通了。"游戏恶魔得意地说。

接着，游戏恶魔站在了一个庞大的充电机器的前面，

转眼间，它的身体放大了好几倍。

突然，它猛地一把抓住了太阳，太阳瞬间全身都无法动弹了。

我不会放过你的！

月亮连忙拿着松球玩偶跑向玛鲁。

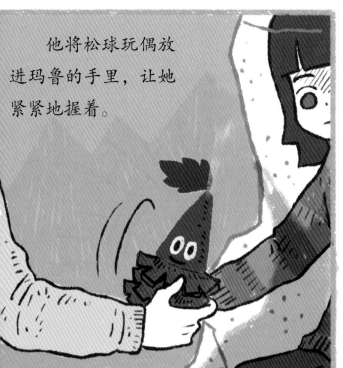

他将松球玩偶放进玛鲁的手里，让她紧紧地握着。

玛鲁，希望你能回忆起这个松球玩偶。

喳嘎喳嘎！
哒咔哒咔！
记忆啊，
回来吧！

这时，玛鲁的身边吹来了一阵和煦的风，
回忆就像泡沫般温柔地包裹着她。

玛鲁一下子恢复了意识。

这时，从充电机器里传来了"呜哇""呜哇"的警示音。那些被冻僵的孩子也都开始慢慢苏醒，游戏恶魔的身形变得越来越小了。

"孩子们，快来帮忙，我们一起把那个充电机器消灭掉！大家努力回忆一下和朋友们、家人们在一起的幸福时光。"太阳和月亮说完，开始念起魔法咒语，"阳光的力量、月亮的力量，合体！记忆的时间，合体！喳嘎喳嘎，哒咔哒咔！松球玩偶，变大吧！"

玛鲁睁开眼睛，发现自己已经和太阳、月亮回到了房间里。

太阳和月亮又开始默念咒语："喳嘎喳嘎！哒咔哒咔！时间啊，继续流动吧！"

玛鲁看了看手机，说道："太阳、月亮，对不起！我错了，我没想到自己竟然会沉迷于手机游戏。"

"是啊，除了游戏，好玩的事情确实还有很多呢！"听太阳和月亮这么说，玛鲁也点点头说："太阳、月亮，我们出去玩吧！"

太阳和月亮高兴地说道："好啊！"

森林公园的游乐场里，到处都充满了
孩子们的笑声，还有他们幸福的回忆。

我得了"手机综合症"吗?

"手机综合症"指的是一种因沉迷于智能手机而无法正常生活的状态。

手机里有很多孩子们喜欢的内容,比如游戏、视频等,它们很容易让孩子们痴迷。如果过分沉迷于游戏,一旦玩不了游戏就无法忍受,这种状态被称为"游戏中毒"。

脑袋嗡嗡的,总是觉得头痛。

眼睛充血、发红、疼痛,视力也越来越差。

因经常玩
智能手机
而引发的症状

身体僵硬,肩膀和腰经常疼痛。

睡眠不足,总是打哈欠、犯困。

我是不是也得了"手机综合症"？

小朋友们，一起来了解一下得了"手机综合症"的人都有哪些异常举动吧。

预防"手机综合症"！

经常无缘无故地将手机拿出来看一眼。

和朋友一起玩时，也会时常玩游戏或看视频。

手机不在身边时会感到不安，没有心情做其他事情。

手机被人抢走时会发脾气。

拿着手机玩游戏或看视频的时间越来越长。

虽然下定决心按规定的时间使用手机，但总是违背诺言。

- ⊘ 不要将手机带进自己的房间。

- ⊘ 规定手机的使用时间。

- ⊘ 培养可以替代手机来消磨时间的兴趣爱好。

- ⊘ 和朋友们一起出去开心地玩耍。

- ⊘ 增加和家人们在一起的时间。

什么是网络礼仪？

网络礼仪指的是在网络空间里必须遵守的礼仪。人们使用计算机或手机时，可以在网络空间里与其他人视频聊天，也可以写文章。

尽管大家不会面对面交流，但既然是人和人之间交往，相应的礼仪还是不可或缺的。

使用正确得体的言辞！

在网络空间里，不可以使用故意嘲笑或诽谤对方的言辞。大家应该选择一些正确得体的话语来表达自己的想法。如果使用鼓励或称赞的话语，对方肯定会很开心的。

不要上传虚假信息！

关于别人的不确定的事情，或者尚未经过证实的信息，不能随意在网络上传播。请大家谨记，有的人会因为一些虚假的传言而深受伤害！

嘿嘿，听说俊尚中午吃饭的时候放屁了，有人都上传帖子了！我得赶快把这件事告诉其他人！

不行，不行！
你根本不知道这到底是事实还是谣言！
而且，如果俊尚知道自己的事情被别人传到网络上，他的心里得多难过啊？

啊，没错！俊尚肯定会很伤心的。如果是我，说不定还会哇哇大哭呢。

如果大家都不遵守网络礼仪，世界会变成怎样的呢？

在网络空间里，针对别人上传的帖子说一些不好的话，或者带着恶意回复帖子，被称为"恶意回帖"。大家上传帖子时都是隐身状态，如果仗着可以隐藏自己的身份而随意上传一些恶意回帖，那么会出现什么样的后果呢？首先，对方看到这些回帖心情会很差，更严重的是，有些人的心理还会受到创伤。此外，那些上传极度恶劣的回帖的人有可能会被调查，甚至还可能会受到处罚。因此，大家在网络空间里要遵守最基本的礼仪，言辞谨慎，不要给其他人带来伤害。